AF152602

BEI GRIN MACHT SICH IHR WISSEN BEZAHLT

- Wir veröffentlichen Ihre Hausarbeit, Bachelor- und Masterarbeit

- Ihr eigenes eBook und Buch - weltweit in allen wichtigen Shops

- Verdienen Sie an jedem Verkauf

Jetzt bei www.GRIN.com hochladen und kostenlos publizieren

Volker Halstenberg

Nanotechnologie heute - morgen - übermorgen

GRIN Verlag

Bibliografische Information der Deutschen Nationalbibliothek:

Die Deutsche Bibliothek verzeichnet diese Publikation in der Deutschen National-
bibliografie; detaillierte bibliografische Daten sind im Internet über http://dnb.d-
nb.de/ abrufbar.

Impressum:

Copyright © 2005 GRIN Verlag GmbH
Druck und Bindung: Books on Demand GmbH, Norderstedt Germany
ISBN: 978-3-638-77644-8

Dieses Buch bei GRIN:

http://www.grin.com/de/e-book/46277/nanotechnologie-heute-morgen-uebermor-
gen

GRIN - Your knowledge has value

Der GRIN Verlag publiziert seit 1998 wissenschaftliche Arbeiten von Studenten, Hochschullehrern und anderen Akademikern als eBook und gedrucktes Buch. Die Verlagswebsite www.grin.com ist die ideale Plattform zur Veröffentlichung von Hausarbeiten, Abschlussarbeiten, wissenschaftlichen Aufsätzen, Dissertationen und Fachbüchern.

Besuchen Sie uns im Internet:

http://www.grin.com/

http://www.facebook.com/grincom

http://www.twitter.com/grin_com

Nanotechnologie heute - morgen - übermorgen

von Dr. Volker Halstenberg

> „Nanotechnology could have more effect on our material existence
> than those last two great inventions in that domain - the replacement
> of sticks and stones by metals and cements and the harnessing of electricity.
> Similarly, we can compare the possible effects of artificial intelligence on
> how we think - and on how we might come to think about ourselves -
> with only two earlier inventions: those of language and of writing.“
>
> Marvin Minsky (Massachusetts Institute of Technology)

1. Grundprinzip

Die Basis aller nanotechnologischen Ansätze besteht darin, die elementaren (atomaren,
molekularen) Bausteine der Materie und ihre Selbstorganisation gezielt zu manipulieren und
für diverse industrielle, gentechnische, biomedizinische, pharmakologische und anderweitige
Zwecke zu nutzen.

Nanotechniker bedienen sich sozusagen aus dem Baukasten des Periodensystems der
Elemente.

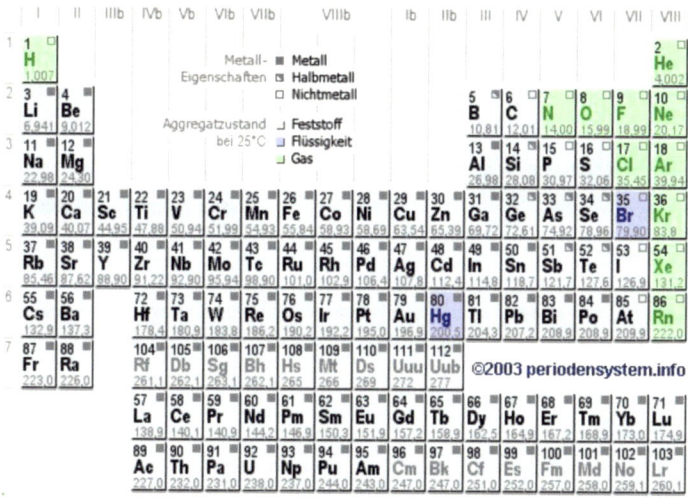

http://www.periodensystem.info/periodensystem.htm

1

Zur Herstellung von Nanoprodukten werden zwei Forschungs- und Entwicklungswege verfolgt, ein evolutionärer und ein artifizieller:

- Zum Einen versucht man die in der belebten Natur ablaufenden autopoietischen Prozesse zu verstehen und die gewonnenen Erkenntnisse für nanotechnologische Innovationen in den Life Science zu nutzen. (Biochips, Vektorsysteme, etc.)

- Zum Anderen dringt man in der unbelebten Welt durch kontinuierlich kleiner werdende Materialstrukturen (Beispiel: Mikroprozessoren) in Nanodimensionen vor. Die Chicagoer Firma Molecular Electronics z. B. hat im Labor einen molekülgroßen Schaltkreis entwickelt, der Daten speichert und wiedergibt.

(Neueste Informationen zum >Nanothema< im Journal of Nanoscience and Nanotechnology sowie unter www.foresight.org und unter www.aspbs.com)

2. Handwerkszeug

Wichtigste Handwerkszeuge der Nanotechniker sind die auf dem Prinzip des Rastertunnel-mikroskops aufbauenden Rastersondenverfahren. Damit können einzelne Atome und Moleküle sozusagen wie Billardkugeln hin und hergeschoben, nach Belieben verändert und zu neuen, ungewöhnlichen Strukturkomplexen angeordnet werden. Auf diese Weise entstehen Materialien, Schaltkreise, Systeme und Maschinen mit phantastischen neuen Eigenschaften, bis hin zu Supercomputern im Teilchenformat.

„Electronic nanocomputers will likely be thousands of times faster than electronic microcomputers - perhaps hundreds of thousands of times faster ... Increased speed through decreased size is an old story in electronics." E. Drexler

Nano- ist gleich Gen- und Biotechnologie eine revolutionäre und interdisziplinäre Schlüsseltechnologie mit hohem Innovations- und Anwendungspotenzial in unterschiedlichsten Bereichen.

Ein paar Beispiele:

Gentechnik: Mittels einer >Genpistole< (Gene-Gun) können DNA-präparierte Nanopartikel mit hoher Geschwindigkeit in bestimmte Zellkörper geschossen werden.

Bio-Medizin: IBM hat in Kooperation mit der Universität Basel einen prototypischen Nanoroboter (Nanobot) entwickelt, der innerhalb des Körpers nach Krebszellen sucht und sie durch Injektion vergiftet. Der Nanobot kann genauso gut zur multi-dimensionalen Krankheitsprophylaxe eingesetzt werden.

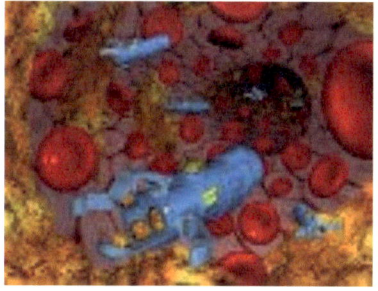

(Bildquelle: Atery Cleaners / © Tim Fonseca)

Bioinformatik: Bahnbrechend könnte der Biochip des Joint Ventures zwischen der Prionics AG (www.prionics.ch/) und dem Centre Suisse d'Electronique et de Mikrotechnique (CSEM) sein, der BSE bei einem Rind erkennt. Das Besondere an dem Chip: Er weist in Echtzeit nach, ob das Blut von einem gesunden oder kranken Rind stammt.

Nanobiopharmazie: Entwicklung von Designermolekülen, Screeningverfahren und neuen galenischen Transportsystemen zur Wirkungs-Optimierung von Arzneimitteln.

Kosmetik: Zum Beispiel Nanotitanpartikel in Sonnencremes als UV-Schutz.

Umweltschutz: Der vom Institut für technischen Umweltschutz der TU Berlin entwickelte Nanopartikelfilter spürt selbst feinste Verunreinigungen bis hin zu Einzelmolekülen auf, die von herkömmlichen Verfahren nicht feststellbar sind. Solche Filter sorgen für eine bessere Umweltverträglichkeit industrieller Abwässer.

Elektronik und Robotik:

• In der Molekularelektronik setzt man auf Nanoröhrchen aus Kohlenstoff, die aus zylindrisch aufgerollten Graphitebenen bestehen. Damit wurden jüngst Dioden, Transistoren und einfache logische Schaltkreise gefertigt. Morgen vielleicht Mini-Supercomputer und neuronen-elektronische Roboterhirne, die ähnlich dem menschlichen Hirn funktionieren; mit einem wesentlichen Unterschied: Die biologischen Neuronen sind durch elektronische ersetzt und arbeiten deshalb millionenfach schneller.

• Weil sich aus der Spitze eines Nanoröhrchens bei relativ kleinen Spannungen hohe Ströme gewinnen lassen, eigenen sie sich auch bestens als Elektronenquelle für flache Displays.

• Ein weiteres Beispiel für Miniaturisierung ist die Verwendung von Licht mit kürzeren Wellenlängen für die Lithographie. Mit extrem kurzwelliger ultravioletter Strahlung von 13 Nanometern (EUV-Licht) können Strukturen von ca. 30 Nanometern gefertigt werden.

Informationstechnik: Hochdichte Datenspeicher (Terabit-Chip), Quantenfilm-Laser.

Feinmechanik: Ultrapräzisionsmaschinen mit hohem Durchsatz, Analyse- und Positioniersysteme.

Chemie: Nanopartikel-Herstellung (Kolloide, Pigmente, Dispersionen, Pulver, Kristalline, Emulsionen), Supramolekulare Einheiten, Polymere Komposit-Werkstoffe, Korrosionsinhibitoren.

Materialwissenschaften: Entwicklung neuer und Verbesserung traditioneller Materialstoffe und Oberflächenbeschichtungen. Als Baustein mit erstaunlichen physiko-chemischen Eigenschaften könnte sich das DNA-Molekül als universelles Konstruktionsmaterial für die Nanotechnologie erweisen. Denkbar wäre etwa die komplexe Synthese aus Festkörpern, die sich durch bestimmte Geometrie- und Oberflächen-Eigenschaften auszeichnen und DNA-Molekülen. Evolutionäre Ordnungs- und Selbstorganisations-Strukturen würden somit technisch nutzbar gemacht.
Durch Biokomposite aus Biopolymer-vernetzten keramischen Nanopartikeln entstehen völlig neuartige Funktionswerkstoffe.

Wissenschaftler der University of Texas in Dallas haben ein spezielles Garn entwickelt (Nature Bd. 423, S. 703), das im Wesentlichen aus reinem Kohlenstoff in Form winziger Nanozylinder besteht. Das Garn ist zwanzigmal so zugfest wie Stahl, dabei enorm flexibel, leitet Wärme doppelt so gut wie Diamant und Strom setzt es nur den Bruchteil des Widerstands von Kupfer entgegen.
Überzieht man die Garnfaser mit einem Elektrolyten, erhält man einen Kondensator, der größere Ladungsmengen speichern kann. Textilien, die vollständig aus dem Supergarn

gefertigt sind, könnten genügend Strom für kleinere elektronische Geräte wie Handys, Organizer etc. liefern.

Neben intelligenter Kleidung könnte man mit dem Garn auch hochmodische kugelsichere Westen und Anzüge herstellen.

Raumfahrt: Urbarmachung anderer Planeten über Rohstoffgewinnung und Materialsynthese ("Terraforming"); Errichtung eines Weltraumlifts mit Hilfe ultrafester Nanomaterialien; extreme Miniaturisierung und Integration von Raumfahrtsystemen im Sinne eines "fliegenden Chips".

Drucktechnik: Nanopartikel-beschichtete Druckrollen müssen wesentlich seltener gereinigt werden als bisher: Weniger Stillstandzeiten, geringere Kosten.

3. Netzwerk-Zirkularitäten und emergente Phänomene

Die Aufzählung – sie ließe sich problemlos fortsetzen – zeigt das gewaltige Potenzial der Wissenschaft vom Winzigen. Kaum ein Industrie- und Lebensbereich, der nicht tangiert wird. Der Querschnitt zeigt auch das Vernetzungs- und Interaktionspotenzial wissenschaftlich-technischer Revolutionen und ihrer praktischen Konsequenzen. Die Nanotechnologie beeinflusst die Gentechnik und die Gentechnik die Nanotechnologie. Beide haben Auswirkungen auf die Artificial Intelligence, die ihrerseits mit den Computerwissenschaften, der Quantenmechanik, der Molekularelektronik und der Robotik interagiert. Der (potenzielle) Quantenrechner beflügelt die Informationswissenschaften, die Proteomik und die Pharmakogenomik, die alle vier mit der Nanotechnologie rückgekoppelt sind. Usw. usw. Alles überschneidet, durchdringt, vernetzt, beeinflusst und potenziert sich, schaukelt sich auf zu emergenten Phänomenen. Unwahrscheinliches wird wahrscheinlich. Unmögliches möglich. Kontrollierbares unkontrollierbar.

Wohin solche Vernetzungs-Dynamiken führen können, spekuliert der Anhang am Ende dieses Artikels.

4. Nanotechnologiemarkt heute

Basale Nanoprodukte sind längst auf dem Markt: Dass Auspuffrohre nicht mehr rosten, Autolacke kratzfest sind, Spiegel nicht mehr anlaufen, Fensterscheiben stufenlos abgedunkelt werden können, Duschwände und Kacheln Schmutz und Wasser abperlen lassen und nanopräparierte U-Bahnwagen Graffiti-frei bleiben: All das und noch viel mehr verdanken wir der Nanotechnologie.

Laut Verband Deutscher Ingenieure (VDI, www.vdi.de) wurde 2006 mit nanotechnologischen Basis-Leistungen – speziell der zuliefernden Art – ein weltweiter Umsatz von über 50 Milliarden Euro erwirtschaftet.

2010 dürften die ersten komplexeren Nanoprodukte auf den Markt kommen.

5. Nanotechnologie morgen und übermorgen

Mit der Kontrolle ihrer atomaren und molekularen Strukturen ist jede Art von Materie weitgehend manipulier-/neukonfigurierbar und kann obendrein zur Selbst-vermehrung (Autoreplikation) befähigt werden.

Wie Eric Drexler in seinem visionären >Engines of Creation. The Coming Era of Nanotechnology< beschreibt, könnten sich Nanoroboter (Nanobots) unbegrenzt selbst reproduzieren, indem sie Moleküle aus ihrer Umgebung aufnehmen bzw. ihre Energie aus chemischen und photochemischen Reaktionen oder aus irgendeiner thermischen Anregungsenergie beziehen. Die Winzlinge stünden also ohne Aufwand abermilliardenfach zur Verfügung.

Nanobotschwärme könnten in Museen, Banken und Privatvillen Nachtwächter- und im menschlichen Körper, in Abwässerkanälen, submarinen Pipelines oder sonstwo Qualitäts-sicherungs-Funktionen übernehmen. Sie könnten in Sekundenschnelle jede Art von markroskopischer Körperform (Phänotypus) annehmen - was Ehe- und Partnerschafts-beziehungen in ein völlig neues Licht rückt.

Darüber hinaus könnte man mittels Nanotechnologie jedes x-beliebige Produkt quasi zum Nullkostentarif herstellen, weil Produktionsprozesse mit minimalem Material- und Energieaufwand, maximaler Fehlertoleranz und obendrein unter optimalen ökologischen Rahmenbedingungen ablaufen.

Kommerzielle Geschäfte im traditionellen Sinne wird es dann gar nicht mehr geben. Viele der heute blühenden Industriezweige wären ebenso hinfällig wie das derzeitige Konzept der Arbeit.

Wer solche phänomenalen Aussichten für zu abgefahren hält, verkennt die Tatsache, das Nanotechnik bereits seit Jahrmillionen auf natürliche Weise praktiziert wird. Unsere Proteinsynthese-Maschinen, die Ribosomen, setzen den menschlichen Körper Molekül für Molekül, Aminosäure für Aminosäure, Protein für Protein, Zelle für Zelle zu einem funktionalen Gesamtorganismus zusammen. Nach einem Bauplan, der vom autopoietischen Obermolekül, vom genetischen Zentralantrieb DNA, vorgegeben wird.

6. Zukünftiges Marktpotenzial

Bereits 2010 – so allgemeine Schätzungen – könnten im Nanotechsektor weltweit hohe dreistellige Milliardenbeträge umgesetzt werden, sofern man nicht nur nanotechnologische Endprodukte, sondern alle Erzeugnisse berücksichtigt, in denen >Nano< drin ist.

Für das Jahr 2015 wird erwartet, dass eine Diffusion und Beeinflussung durch die Nanotechnologie in fast jeder Industriebranche stattgefunden hat (VDI 2004/2).

7. Venture Capital

Während sich Venture Capitalists 1999 noch mit bescheidenen 100 Millionen US-Dollar zurückhielten, flossen 2006 bereits VC-Summen im Milliardenbereich in den Nanotechsektor. Wobei man wohl aus dem Internet-Inferno gelernt hat und nur in solche Firmen investieren wird, die relativ zügig den Break Even erreichen und Gewinne erwirtschaften.

Für Nanotech- wie für alle anderen Unternehmen auch heißt die grundsätzliche Erfolgsmaxime: Möglichst viele Unterschiede machen, die Unterschiede in den relevanten Zielgruppen machen.

EXKURS: Marketing-Einmaleins für den Unternehmenserfolg

• Ein weicher Faktor mit harten Konsequenzen

Vom Start weg sollte jedes Nanotechunternehmen über eine kurz und präzise formulierte und von der Unternehmensleitung tagtäglich vorgelebte Vision (Corporate Vision oder Mission) verfügen, die unmissverständlich ausdrückt, wofür das Unternehmen steht, wo es hin will und welchen Werten es verpflichtet ist. (Wer sind wir? Was tun wir? Wohin wollen wir? Welche Werte leiten uns?)

Jede Corporate Mission hat Ziel- und Mitarbeiter-disziplinierende Funktionen.

Mission-Beispiel von Nanomix:

Nanomix is improving health and safety by making high-value information accessible through nanoelectronic solutions.

Grundsätzlich sollte immer der Kunde im Fokus stehen, denn seine Zufriedenheit ist der Erfolgsfaktor Nummer eins. Wohl kaum jemand hat das konsequenter in seiner Corporate Mission ausgedrückt als Jeff Bezos, Gründer und CEO von Amazon: „Wir wollen das kundenorientierteste Unternehmen des Universums werden."

• **First Mover Advantage**

Gerade junge Nanotechunternehmen mit begrenzten finanziellen und personellen Ressourcen sollten versuchen, sich zunächst in einem speziellen Geschäftsfeld durch eine innovative Pionierleistung hervorzutun. Der Erste nimmt stets eine psychische Monopolstellung in allen wichtigen Köpfen ein, positioniert sich als Leader und hat dadurch einen einzigartigen Wettbewerbsvorteil (competitive advantage).

Der Pionier macht gute Geschäfte, kann seine Innovationen zu hohen Preisen verkaufen. Nachzügler und Me-too-Anbieter haben das Nachsehen.

• **Maximale Wertschöpfung**

Entscheidend für den strategischen Zukunftserfolg ist, dass F&E-Zeiten und -Kosten minimiert (Stichwort: Verfahrens- und Prozess-Optimierung) und rasch eine größere Anzahl von Produkten offeriert wird, die einem möglichst weltweiten Abnehmerkreis einzigartige Vorteile verschaffen. Darüber hinaus sollte die gesamte Wert-schöpfungskette von der Forschung über die Produktentwicklung bis zur Vermarktung abgedeckt werden. Optimal wäre eine integrierte Systemlösungs-Plattform à la Nanogate. (siehe weiter unten)

Auch strategische Allianzen mit Big Companies, internationale Kooperationen, Auftrags-forschung, Merger mit oder Acquisition von anderen Nanotech- oder Nanobiotechnologie-Unternehmen, die das eigene Leistungs-Portfolio sinnvoll ergänzen oder ein Börsengang (IPO) bieten sich an, um Umsatz, Gewinn, Kapitalkraft, Marktposition, Image und Bekanntheit zu verbessern.

• **Was heute optimal ist, ist morgen obsolet**

Ebenso wichtig ist permanentes Umfeld-Monitoring, verbunden mit einer flexiblen Anpassung der eigenen Geschäftsstrategien, Organisationsstrukturen, Produkte und Dienstleistungen an Veränderungen der Verbraucher-/Kundenbedürfnisse, der Konkurrenzaktivitäten, der gesundheitspolitischen, versicherungstechnischen und rechtlichen Gegebenheiten (etwa Biopatentgesetz, Markengesetz, Gebrauchsmusterschutz).

Dauerhaft erfolgreiche Unternehmen sind jederzeit in der Lage, aktuelle Geschäftsmodelle und Marketingstrategien zu korrigieren oder über den Haufen zu werfen und sich auf profitablere und zukunftsträchtigere Bereiche zu konzentrieren. Joseph Alois Schumpeter nannte das „konstruktive Zerstörung".

• **Unterschiede, die Unterschiede machen**

Um im allerorts zu beobachtenden product- and information overflow nicht unterzugehen, sollte man möglichst viele Unterschiede machen, die affektlogische Unterschiede in den Hirnen der Stakeholder machen. Je kraftvoller und multidimensionaler sich ein Unternehmen von seinen Wettbewerbern differenziert, desto besser wird es wahrgenommen, desto effektiver und effizienter kann es agieren und kommunizieren.

Am besten, man entwickelt schon sehr früh eine einzigartige Corporate Identity. Die fängt mit einem unterscheidungskräftigen Firmen-Namen, ebensolchem Logo und einer der Vision entlehnten Zentralaussage an (etwa: >Engineering the Medicines of Tomorrow<), zieht sich durch die gesamte Geschäftsausstattung inkl. Fuhrpark und hört noch längst nicht bei der Architektur des Firmengebäudes auf.

8. Nanotech in Deutschland

Zu den Pionierfirmen in Deutschland gehört zum Beispiel die Nanogate AG. Operativer Start als Spin-off des Leibniz-Instituts für Neue Materialien im Jahre 1999 in Saarbrücken. Zentralaussage:

"Nanogate ist ein international führender Enabler und schafft für seine Partner Wettbewerbsvorsprung durch Produktveredelung mit Nanotechnologie."

Technologische Kompetenzen:

Nanogate verfolgt eine Technologie-Plattformstrategie:

Die Nanogate-Technologie® ist eine Kombination aus Chemie und Werkstoffwissenschaften sowie aus Produkt- und Prozessengineering.

Technologisch konzentriert sich Nanogate im Bereich der Chemie und Werkstoffwissen-schaften auf durch chemische Nanotechnologie hergestellte Nanokomposite und Nano-formulierungen. Hierbei stehen heute bereits fertige Plattformen für die Einstellung von Oberflächenenergien, Erzeugung von Barriereschichten, Modifizierung tribologischer Funktionen sowie die Ermöglichung von Zusatzeigenschaften zur Verfügung.

Als >complete solution provider< reicht das Leistungsspektrum von der Innovationsberatung über Werkstoff-Engineering, Produktion, Applikations-unterstützung bis hin zum Support.

Nanogate hat sich unter anderem die Verbesserung und Mehrwertschaffung von bestehenden Industrie-Produkten auf die Fahne geschrieben: So wurde zum Beispiel in Kooperation mit dem Sanitärkeramikhersteller Duravit die Antihaftbeschichtung Wonder-Gliss eingeführt; mit der Duscholux GmbH eine Easy-to-clean-Beschichtung für Duschkabinen entwickelt und unter dem Markennamen >Nanowax< ein Gleitoptimierer für Skier und Snowboards auf den Markt gebracht.

Die Nanopartikel in Nanowax verhalten sich >intelligent<, richten sich selbstorganisierend auf der Oberfläche aus und sorgen für optimale Gleiteigenschaften bei wechselnden Temperaturen. Schnellere Ski dank Nanotechnologie. (www.nanogate.de)

Anhang:

Vom Nanobot zum Nanotot: Nano-Overkill

Wie alles auf dieser Welt hat auch die Nanotechnologie von morgen und übermorgen eine ‚dunkle Seite'. Da der menschliche Körper aus Molekülen besteht (der Mensch ist quasi eine makroskopische Molekülmaschine), könnten ausrastende oder dysfunktionale Nanobots ihn zur Eigenoptimierung und grenzenlosen Selbstreplikation benutzen, ihn regelrecht ausschlachten oder ihm anderweitige schwere Schäden zufügen.

Der Trend zur nanobiotechnologischen Selbstdeterminierung des Menschen (Stichwort: genetische Optimierungen) korrespondiert anscheinend mit einer maschinellen Indeterminierung, also mit der Selbstdeterminierung und Selbstbestimmung der Maschine.

Um 2050 (oder früher): Einige Zukunfts-Szenarien

1. Posthumane Welt

Sein oder Design,
das ist hier keine Frage.

Die Mikromaschine des menschlichen Körpers, DNA, ist längst funktional entschlüsselt und eröffnet eine gänzlich neuartige Reproduktionsmöglichkeit, die vorher ausschließlich der Digitalwirtschaft vorbehalten war: das artifizielle Design von biologischem Leben. Leben, das sich ohne menschliches Zutun mit kaum vorstellbarer Geschwindigkeit in einer Art Echtzeit-Evolution autodynamisch fortpflanzt.

Angefangen hatte die Entwicklung im Grunde schon mit dem Jahrzehnte zurückliegenden Zusammenwachsen von Gentechnik und Reproduktionsmedizin; genau genommen mit dem ersten Designerbaby und den ersten synthetisch hergestellten Proteinen.

Seither experimentieren in den Hochsicherheits-Laboratorien multinationaler Biofirmen hochbezahlte Reprogenetiker, Evolutions-Architekten und Gendesigner mit künstlichem Leben und innovativen Existenzformen.

Den alljährlichen Best-DNA-Award gewinnt derjenige, dem es gelingt, den in jeder Hinsicht ultimativen Organismus zu designen.

Diverse Eigendynamiken könnten leicht dazu führen, dass das natürliche Leben unmerklich - weil nahtlos - in protoplasmatisches, virtureales Design übergeht. In Design, das sich selbstreproduzierend, selbstmodifizierend und selbstoptimierend ständig weiterdesignt und am Ende den humanen ‚Anfangsdesigner' und mit ihm das Menschengeschlecht einfach wegdesignt.

Variante mit gleichem Ausgang:

Anno 2048 kommt es auf dem Best-DNA-Festival in Genecity zum Gen-Gau. Der von Dr. Dr. rep. Igor Highfly kreierte und in besagtem Jahr ausgezeichnete Prototyp >Overdoc< entfleucht durch ein Sicherheitsleck in die natürliche Welt.

Experten taxieren die Zeitspanne, bis der Superorganismus alle Lebewesen genetisch infiltriert, assimiliert oder eliminiert hat, auf maximal 10 Jahre.

Auf die immer und immer wieder von Journalisten aus aller Welt an Experten von Welt gestellte Frage, ob man denn gar nichts tun könne, um das drohende Unheil abzuwenden, erfolgt immer und immer wieder die gleiche deprimierende Antwort: „Man kann keine einmal in die Natur entlassene Lebensform rückgängig machen." Wenn sie raus ist, ist sie raus. Eine schwermütige Reminiszenz an den längst verstorbenen Biochemiker Erwin Chargaff.

2. Androiden, Cyborgs und Software-Menschen

„Im Spiel des Lebens und der Evolution sitzen drei Spieler am Tisch: der
Mensch, die Natur und die Maschinen. Ich bin entschieden auf der Seite der
Natur. Aber ich fürchte, die Natur steht auf der Seite der Maschinen."
George Dyson (Darwin Among the Machines)

„Es scheint, dass alles Wahre sich wandelt
und nur das Sich-Wandelnde wahr (und da) bleibt."
Leicht verändertes Zitat von C. G. Jung

Aus der interdisziplinären Hochzeit von Nanotechnologie, Genetic Engineering, Bioinformatik, Artificial Intelligence, Cybernetics, Quantenmechanik, Neurowissenschaft
und Robotik geht ein Mensch-Maschine-Hybrid, ein Android, ein Cyborg hervor.
Er wäre im Vergleich zum puren Maschinendesign und zum rein genetisch getunten
Menschen um Vieles leistungs- und widerstandsfähiger.

Die Entwicklung dahin ist fast zwingend: Da sich die Informations-Maschinen mit immer
größerer Geschwindigkeit weiterentwickeln, kann der Mensch nicht einfach stehen bleiben
und zuschauen. Ansonsten würde er irgendwann seine evolutionäre Vormachtstellung
einbüßen, von den selbstgeschaffenen Erzeugnissen an die Kandare genommen und zum
Sklaven der Maschine werden.

Er muss sich psychosomatisch und somatopsychisch rekonstruieren, um seine
Existenzberechtigung nicht zu verlieren.

Beständigkeit basiert auf Wandel. Nur Sich-Wandelndes bleibt. Jeder Stillstand bedeutet
Rückschritt und jeder Rückschritt akzeleriert den Fortschritt der maschinellen Seite.

Flexibilität in jeder Hinsicht ist die beste Voraussetzung, um auch überübermorgen noch das
Ruder in der Hand zu haben, wenn DNA-Computer, Quantenrechner und elektro-neuronale
Roboter die ungeheuren Kapazitäten des menschlichen Gehirns nicht nur abbilden, sondern
weit übertrumpfen. Letztlich alles eine Frage von Informations- und Simulations-
Komplexitäten.

Die revolutionäre Evolution der Maschinen wird sie früher oder später etwas ausbilden lassen,
das bis dato nur dem Menschen eigen ist: Bewusstsein. Geburtsstunde der Brain Machine:
Advent des Deus ex machina. Hallo HAL!*

Der Mensch muss sich mit diesem Faktum engagieren, ob er will oder nicht. Sonst frisst ihn
die Evolution à la Szenario I.

Er muss und wird evoluieren und metamorphorisieren, wie er es in den letzten vier Millionen Jahren getan hat: Australophitecus robustus → homo habilis → homo erectus → homo sapiens neanderthalensis → homo sapiens sapiens → homo sapiens maschinicus.

Das Hauptaktionsfeld des Maschinenmenschen ist das Hirn und sein Bewusstsein, das man cum grano salis* jederzeit löschen oder wie einen Zellkern – nur schneller – reprogrammieren könnte, zum Beispiel durch Download eines neuen Hirns/ Bewusstseins oder durch ‚Einladung' modularer Informationseinheiten, die zu speziellen Leistungen befähigen.

Stellen Sie sich vor: Sie liegen bequem auf einer Coach, ein paar Elektrodenkabel am Kopf und laden sich selbst in irgendeine unkaputtbare Neuronen-elektronische Titan-Germanium-Maschine, einen Androiden oder Cyborg, der dann für Sie oder eine Gruppe oder eine Gesellschaft oder für den Rest der Welt irgendwelche Arbeiten verrichtet. Fantastische Vorstellung, nicht wahr? Sie könnten Ihr Hirn beliebig vervielfachen, anschließend franchisen und damit reichlich Geld verdienen, während Sie selbst den Schönen Künsten frönen.
Anstatt via Kabelsalat könnte der Hirnscan auch mittels Kernspinresonanz-Tomographie bewerkstelligt werden, die schon heute einzelne Neuronenzellkörper abbilden kann. Jedenfalls läuft das Ganze non-invasiv ab, ohne chirurgischen Eingriff.
Da das Empfängerhirn nicht aus biologischen, sondern aus elektronischen Bauteilen besteht, läuft seine Informationsverarbeitung ungefähr eine Million mal schneller als Ihre eigene. Einer Maschinenstunde entsprächen eine Million Stunden oder ein Jahrhundert Ihres subjektiven Zeitempfindens.

Sind Hirn und Bewusstsein nicht mehr an Leiblichkeit im ursprünglichen Sinn gebunden, sondern kondensieren und fluktuieren in autopoietisch operierenden Interfaces - Anderson's Held *Anson Guthrie* lässt grüßen -, wird der menschliche Körper für viele Routinearbeiten nicht mehr gebraucht, für anspruchsvollere Tätigkeiten - Weltpoltik, Forschung und Innovations-Management - sowieso nicht. Man lese dazu die faszinierenden Ausführungen von Ray Kurzweil, Marvin Minsky und Hans Moravec über Artificial Intelligence und Robotik.

Cyborgs würden in dramatischer Weise die Transaktionskosten der heutigen Industrieproduktion, des Gesundheits- und anderer Dienstleistungsbereiche rapide reduzieren. Sie könnten gemäß ihrer Bewusstseinsstufe als Industriearbeiter, Lagerwalter, Butler,

Krankenschwester, Sekretärin oder Büroassistentin ebenso gut eingesetzt werden wie als Ingenieur, Arzt, Astronaut, Weltökomom oder Planetenbesiedler.

2.1 Software „Mensch"

Wenn wir unsere todgeweihte und krankheitsanfällige Biohülle hinter uns gelassen haben und Software geworden sind, eröffnet sich eine Welt ungeahnter Möglichkeiten. Man wird in der Lage sein, fast jede x-beliebige Erfahrung mit jeder x-beliebigen Person oder jedem x-beliebigen Organismus zu jeder x-beliebigen Zeit an jedem x-beliebigen Ort zu machen. Man kann alle anatomisch-morphologisch erdenklichen Körperformen annehmen, mit Lichtgeschwindigkeit durchs Internet reisen, mit Avataren plaudern, mit animalisch-animierten Penthouse-Schönheiten verkehren (ohne Gesundheitsrisiko), Kreuzfahrten auf virtuellen Luxusdampfern unternehmen, mit seinen Lieblingsschauspielern im virtuellen Ritz-Carlton dinnieren, Abenteuerurlaub in Millionen verschiedenen phantasy-environments machen, die Hauptrolle in den neuesten 3-D-Kassenschlagern übernehmen, sich nach Interesse mit einer oder 100 Expertendatenbanken kurzschließen, seinen Gedächtnisspeicher billionenfach erweitern, das gesamte Weltwissen erwerben (was zwangsläufig eine Renaissance der mit Gottfried Wilhelm Leibniz ausgestorbenen Universalgenies mit sich bringt. Jeder ein Dalai Lama, ein >Ozean des Wissens<) usw. usw.

Möglicherweise kann man sogar außerhalb der Virtual Reality, also in der konsensrealen Realität, mittels der von Eric Drexler und Co. prognostizierten Nanobotschwärme jede x-beliebe Körperform annehmen und in Sekundenschnelle wechseln.
Goldene Zeiten für Transsexuelle und alle, die schon immer mal aus der eigenen Haut fahren wollten.
Dahingesagtes Ich glaub, ich werd zum Elch, muss kein Glaubensbekenntnis mehr bleiben.
Klampfenbarde Reinhard May könnte bei angemessener Lebensführung endlich seinen lang gehegte Wunsch >sein Hund zu sein< verwirklichen und >Die Prinzen< von heute könnten übermorgen ihr Revival vom >Schwein sein< im angemessenen Outfit vortragen.
Jeder hätte die wonnevolle Chance, in einen der situativen Affektlogik entsprechenden Phänotypus zu schlüpfen und die ultimative psychosomatische Konkordanz zu erleben.
Die gefährliche Seite der Nanobots wurde bereits reflektiert und eine solche besteht natürlich auch in der Virturealität des Softwaremenschen.

14

2.2 Replikations-Risiken

Bei allem Enthusiasmus für das softwarige Hardwaredasein in organometallenen Interfaces dürfen unabhängig von Viren- und Wurmattacken drei Risikobereiche nicht unerwähnt bleiben:

1. Unmittelbar nach dem Download eines Hirns und seiner kognitiven, affektiven und unbewussten Inhalte - letztere sind besonders interessant, weil unberechenbar, Sigmund Freud sprach vom dämonischen Unbewussten - kann es leicht zu Identitätsstreitigkeiten darüber kommen, wer das Original ist und wer die Kopie.

Das Original muss damit rechnen, vor allem, wenn es sich um einen Craig Venter-Charakter handelt, dass seine Kopie ein Patent auf seine Originalität anmeldet. [Das >Gesetzbuch zum Umgang mit Spirituellen Maschinen< wird solche und andere Sachverhalte - z. B. die Anzahl der vorgeschriebenen Backups pro Zeiteinheit, Zugriffsrechte auf Backups, Recht auf Selbstmord = Löschung der eigenen Datei(en) – regeln müssen.]

2. Ebenso unmittelbar nach dem Download haben humaner Hirngeber und artifizieller Hirnnehmer zwar noch ein und dieselbe Identität; Sekunden später aber werden sie mit unterschiedlichen Erlebnis- und Sinnwelten konfrontiert, werden unterschiedliche Erfahrungen machen und sich unterschiedlich weiterentwickeln. Von eigensinnigem Sinn getrieben.

3. Womöglich führt ihre affektlogische Eigensinnigkeit: Wut, Hass, Stolz, Größenwahn oder ganz einfach nur nackter Selbsterhaltungstrieb, die Brain-Machines irgendwann dazu, sich gegen ihre Schöpfer aufzulehnen und die Weltherrschaft an sich zu reißen.

Dann wäre sie gar nicht mehr so schön, die neue Welt!

----

* Man erinnere die Szene in Stanley Kubrick's >2001: Odyssee im Weltraum<, wo der Astronaut seinen reflexionsmächtigen Bordcomputer HAL nach einer langen Diskussion über >die Bombe< auffordert, sich selbst abzuschalten und dieser mit zuckersüßer Frauen-Stimme antwortet: „Tut mir leid, Dave. Ich fürchte, das kann ich nicht."

By the way: Die >schlauen Computeridioten< unserer Tage halten bereits eine Menge Macht in ihren nicht vorhandenen Händen. Strom- und Wasserversorgung, Lebensmittelproduktion, Bahn- und Flugverkehr, Blut-

15

und Gen-Banken, Kontoführungen und Börsentransaktionen: alles läuft über Computersysteme. Eine kleine Störung in den Siliziumbahnen kann ganze Städte und Staaten lahm legen. Zuweilen ist das Chaos gar vorprogrammiert: Der Börsenkrach von 1987 und andere wurden durch elektronische Kettenreaktionen ausgelöst. Die großen Investmentbanken und Brokerhäuser wickeln ihre oft mehrere hundert Millionen Dollar schwere Zins- und Aktientransaktionen über weltweit vernetzte Computersysteme automatisch ab. Heißt im Klartext: Die *schlauen Idioten* kaufen und verkaufen nach vorgegebenen Parametern in Eigenregie. Fällt beispielsweise der Wert einer bestimmten Aktie unter ein definiertes Limit, wird sie von Computer A, B, C, D usw. gleichzeitig abgestoßen, wodurch der Aktienkurs rapide in den Keller rutscht.

Literaturempfehlungen:

Drexler, E.: Engines of Creation. The Coming Era of Nanotechnology, New York 1987.

Halstenberg, V.: Power Brands & Brand Power. Wie erfolgreiche Marken entstehen und wie sie erfolgreich bleiben. Logos-Verlag 2005, http://logos-verlag.de.

Niemeyer, Chr.: DNA als Konstruktionsmaterial für die Nanotechnologie, in: Nachrichten aus der Chemie, 48/2000.

Rubahn, H.-G.: Nanophysik und Nanotechnologie, Teubner Verlag 2002.

Wolf, E. L.: Nanophysics and Nanotechnology. An Introduction to Concepts in Nanoscience: An Introduction to Modern Concepts in Nanoscience, 2. Aufl. 2006.